U0272429

重要农时
农业生产农机检修技术指引

农业农村部农业机械化总站
江苏沃得农业机械股份有限公司　组织编写
中国农业机械化协会

中国农业科学技术出版社

图书在版编目（CIP）数据

重要农时农业生产农机检修技术指引 / 农业农村部农业机械化总站，江苏沃得农业机械股份有限公司，中国农业机械化协会组织编写；田金明主编. --北京：中国农业科学技术出版社，2023.12（2024.11重印）

ISBN 978-7-5116-6619-2

Ⅰ.①重… Ⅱ.①农… ②江… ③中… ④田… Ⅲ.①农业机械－机械维修 Ⅳ.① S220.7

中国国家版本馆 CIP 数据核字（2023）第 253230 号

责任编辑	姚　欢
责任校对	王　彦
责任印制	姜义伟　王思文
出 版 者	中国农业科学技术出版社 北京市中关村南大街 12 号　　邮编：100081
电　　话	（010）82106631（编辑室）　（010）82106624（发行部） （010）82109709（读者服务部）
网　　址	https://castp.caas.cn
经 销 者	各地新华书店
印 刷 者	北京捷迅佳彩印刷有限公司
开　　本	148 mm×210 mm　1/32
印　　张	2.5
字　　数	80 千字
版　　次	2023 年 12 月第 1 版　2024 年 11 月第 2 次印刷
定　　价	35.00 元

《重要农时农业生产农机检修技术指引》
编 委 会

主　　任：徐振兴

副 主 任：朱林军　　王天辰　　张　健

主　　编：田金明

副 主 编：邢立成　　董洁芳　　谢　静

编写人员：胡必友　　庞爱平　　陆　凯　　孙昀璟　　耿楷敏

　　　　　石海波　　刘　琮　　李坤书　　吴荣才　　张成焱

　　　　　熊　波　　刘　璐　　刘从斌　　王　赟　　张　斌

　　　　　朱亚辉　　高　娇　　陶　琲　　刘照然　　蒋　彬

　　　　　苏仁泰　　王　艇　　方　强　　杨雅静　　常晓莲

前 言

    农机维修是实现农机安全生产的重要保障，是提高农机经营效益的重要手段，是推进农机节能减排的重要措施和加快农机工业发展的有效途径。随着农机购置与应用补贴政策深入实施以及农机社会化服务推进，农机维修业务量不断增长，对农机维修及时性和维修质量提出了新的更高要求。同时，农机维修服务主体也发生着深刻变化，呈现出以农机生产企业及其经销商品牌式维修服务为主，以农机合作社自我保障式维修服务和社区个体便利式维修服务及主管部门农忙应急式维修服务为基础的维修运行体系。但从总体上看，农机维修服务发展速度仍落后于农机化发展的要求，农机"维修难、难维修、维修贵"的现象还存在。在新时代新征程中，农机维修行业发展对农机化生产尤为重要。面对新情况新问题，抓好农机维修行业健康发展，是提升农机产品质量的迫切需要，是农机手对使用农机产品获得感的迫切需要，是壮大农机产业、促进农民增收致富的迫切需要，是农机安全生产和节能减排的迫切需要。

    为全面贯彻落实党的二十大精神，深入贯彻落实中央农村工作会议、中央一号文件，以及全国农业农村厅局长会议、农业农村部一号文件、农业农村部农业机械化管理司推动农机维修行业发展经验交流视频会精神，扎实做好重要农时农机化生产服务，充分发挥农业机械在重要农时农业生产的主力军作用，农业农村部农业机械化总站、江苏沃得农业机械股份有限公司、中国农业机械化协会组织相关农机维修行业专家编写了《重要农时农业生产农机检修技术指引》，旨在增强基层广大农机用户维修保养意识，掌握基本维修保养技能，切实加强重要农时农机检修，不误农时早谋划早检修，提高在用农业机械的技术性能状态，确保重要农时农机化生产顺利进行。《重要农时农业生产农机检修技术指引》主要包括农时与农机化生产、重要农时农机化生产项目及机具、主要农机具检修技术 3 部分内容。其中，农时与农机化生产介绍了何为农时、抢抓农时的重要性和重要农时的特征等内容；重要农时农机化生产项目及机具部分列出了春耕、"三夏"（夏收、夏种、夏管）、"双抢"（抢收、抢种）、"三秋"（秋收、秋种、秋管）等重要农时主要机械化作业项目和使用的主要农业机械种类；主要农机具检修技术部分通过图文并茂的形式列出了 7 类 14 种主要农业机械的检修技术。

本书由田金明担任主编，农业农村部农业机械化总站与相关单位技术人员参与了本书的编写工作。需要说明的是，在本书编写过程中，我们吸收了诸多前辈、学者的研究成果，并得到了有关领导和专家的支持，江苏沃得农业机械股份有限公司和河北农哈哈机械集团有限公司为本书提供了大量的图片和帮助。在此，一并表示感谢！由于时间仓促和水平有限，书中难免有不当之处，敬请业界同仁和广大读者斧正。

编　者

2023 年 11 月

目 录

第一章 农时与农机化生产

>> 第一节　何为农时

农时是指在农业生产中，每种农作物都有一定的农耕季节和一定的耕作时间。在中国广袤的土地上，各地的农忙情况各不相同。在北方，一些地区还在进行播种、犁地等耕作工作，如山东、河北等地。而在南方，已经进行到了收割和播种工作，如广东、广西等地。但不论是北方还是南方，一年之中，与日常的农业生产比，会有春耕、"三夏"、"双抢"、"三秋"等几个非常繁忙的时节，通常把它们称作重要农时。此时，农民不顾一切地投入到春耕、夏收夏种夏管、秋收秋种秋管等紧张繁忙的农业生产之中，期盼一年的劳作获得更好的收成。

▶▶ 第二节 抢抓农时的重要性

　　抢抓好农时对于农民来说非常重要，因为这决定了他们在秋天能否获得好的收成。如果错过了最佳农时，可能会导致作物生长不良，严重影响产量和品质。在我国综合农机化水平已经超过 72% 的当下，通过全程机械化作业，已经大大减轻了农民劳作的辛苦，争取了更紧凑的收获与耕种时间，为开展大面积规模化生产创造了有利条件。因此，在重要农时农业生产期间，开展农机检修保养，可保证农业机械以完好的状态，顺利完成收获、植保、耕种、施肥、防灾减灾等农田作业，确保农作物健康生长，一年收成平稳到手。

>> 第三节　重要农时的特征

　　春耕即在春季播种之前，耕耘土地。立春过后，春耕即将开始，在中国一些地区一直传承着试犁的习俗，但由于各地环境和自然条件的不同，寓意春耕生产传统习俗的方式和时间也有所不同。

　　"三夏"是夏收、夏种、夏管的简称。一般从每年5月下旬开始，至6月中旬结束。此时，上年秋季播下的麦子、油菜陆续成熟，需要抢时间收割，颗粒归仓；一年中种植面积最多、最重要的农作物水稻，需要不误农时栽种；种下的水稻需要一种就管，追施返青肥、发棵肥，确保长成丰产的架子。

　　"双抢"是一项常见的农业活动，指农村夏季抢收庄稼、抢种庄稼。水稻在南方一般种两季，7月早稻成熟，收割后，得立即耕田插秧，务必在立秋左右将晚稻秧苗插下。因水稻插下后需要六十多天才能成熟，8月插下，10月收割。如果晚了季节，收成将大减，甚至绝收。在不到1个月工夫，收割、犁田、插秧十分繁忙，所以叫"双抢"。

　　"三秋"是指秋收、秋种、秋管的简称。一般从9月

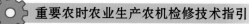
中下旬开始，至 11 月上中旬结束。其间，要抓紧时间收割水稻、玉米等秋收作物，播种冬小麦、油菜等越冬作物，并对秋播作物进行冬前田间管理。秋种和秋管的重点是播前整地和合理施用基肥。

第二章　重要农时农机化生产项目及机具

>> 第一节　农机化生产项目

春耕主要机械化作业项目：在北方地区有机械耕整地；深施化肥；机械播种小麦、玉米、大豆；机械植保等。在南方地区有机械施肥、植保、水稻机械化育秧等。

"三夏""双抢"主要机械化作业项目：在北方地区有机收小麦；机播玉米；机械植保等。在南方地区有机收早稻；机收小麦；中晚稻机械插秧；机械植保等。

"三秋"主要机械化作业项目：在北方地区有机收玉米、花生、马铃薯；机械深耕、深松，秸秆还田，机械施肥，机播冬小麦等。在南方地区有机收水稻、玉米、花生，机械脱粒；机械化耕整地，机收中晚稻、玉米，机播油菜、冬小麦等。

>> 第二节　农机化生产用机具

春耕使用的主要农业机械：轮式（履带）拖拉机（1）、旋耕机（2）、秸秆粉碎还田机（3）、玉米精量播种机（4）、水稻插秧机（5）、自走式喷杆喷雾机（7）、植保无人飞机（8）等。

"三夏""双抢"使用的主要农业机械：轮式（履带）拖拉机（1）、旋耕机（2）、秸秆粉碎还田机（3）、玉米精量播种机（4）、水稻插秧机（5）、自走式喷杆喷雾机（7）、植保无人飞机（8）、自走轮式谷物联合收割机（9）、自走履带式谷物联合收割机（10）、打（压）捆机（13）、固定（移动）式谷物烘干机（14）等。

"三秋"使用的主要农业机械：轮式（履带）拖拉机（1）、旋耕机（2）、秸秆粉碎还田机（3）、小麦（免耕）播种机（6）、自走式喷杆喷雾机（7）、植保无人飞机（8）、自走履带式谷物联合收割机（10）、玉米果穗收获机（11）、玉米籽粒收获机（12）、打（压）捆机（13）、固定（移动）式谷物烘干机（14）等。

第三章

主要农机具检修技术

▶▶ 第一节　农用动力机械

1　轮式（履带）拖拉机（图 3-1）

图 3-1　轮式拖拉机

1.1　发动机的检修（图 3-2）

1.1.1　检查润滑系统等。除了更换"三芯"（空气滤

图 3-2　检查润滑油和空气滤清器

芯、柴油滤芯、机油滤芯）外，还要更换或清洗各个液压油滤芯。应按地区、季节要求更换润滑油和燃油。年前如已经放出润滑油，应打开缸盖上的加油口，加入合格的润滑油后，静置 10 分钟，检查油标尺，应与机油尺"上"线平齐，然后静置 20～30 分钟再检查油位有无变化。如有上涨，需查找原因并排除故障。如果是带涡轮增压器的发动机，需拆下涡轮增压器悬浮轴承进油口空心螺栓，滴几滴润滑油，再装好。润滑脂油嘴、油杯均应配齐。各润滑部位及总成均应按说明书中规定润滑油品牌加足润滑油或润滑脂。通气孔应清洁、畅通。

1.1.2　检查冷却系统。寒冷地区重点检查发动机是否有冻裂，特别是年前发动机未放水，或者未加防冻液的车辆，要仔细查看发动机的机体水堵、放水开关、机油散热器等处是否有冻裂迹象。如正常，则加注软水至水箱口平齐，静置 1 小时，看水位有无变化。如水位有下降，则需要查找原因。如无下降，则正常，注意不能加容易产生水垢的井水和自来水等硬水。

1.1.3　检查电路系统。启动、照明、仪表的电路应正常，所有电气附件的绝缘部分，不得有漏电、短路等现象。寒冷地区发动机冷启动装置应能正常工作。

在蓄电池电量不足时，要先用蓄电池额定电流的 1/10 充电。在铅酸电池充电时，电解液液面高度与刻线平齐或高出隔板 10～15 毫米，要打开加液塞，以防出气孔堵塞，蓄电池因气压过高而爆炸。充电完成后，单体蓄电池电压应在 13 伏左右。

以上都检查正常后，启动前主、副变速手柄等应处于"空"、"中间"或"分离"位置；液压动力装置应处于"中间"位置；此时可以打开飞轮壳上的小窗口，用小撬棒拨动飞轮齿圈，转动曲轴数圈后，再打开点火开关，启动发动机。转速需要先低后高，逐渐增加发动机转速，同时观察仪表，细听声音，如有异常，应先停机后检查并排除故障。

1.1.4 检查发动机进气系统各管路连接是否密封、可靠，发现问题应及时排除。检查发动机前、后支承是否可靠。

1.2 底盘部分的检修

1.2.1 检查润滑油。逐一检查变速箱、前桥、末端传动的润滑油；检查方向机的锂基润滑脂（蜗轮蜗杆机械式方向机）或液压油箱（液压转向方向机）的液压油是否充足；检查液压系统的液压油是否充足。检查履带式拖拉机导向轮、支重轮、托带轮密封情况，必要时添加润滑油。

1.2.2 检查转向系。注意左、右方向间的间隙，观察拉杆球头传动和油缸（液压油缸方向）销轴间隙，如间隙过大，需更换拉杆球头和油缸销轴。更换球头和销轴后，需检查前束，四轮驱动的前束是 0～4 毫米，两轮驱动的前束是 5～10 毫米。履带式拖拉机打开转向液压系统吸油滤清器和高压过滤器，清洗滤芯并装复。

1.2.3 检查离合器（图 3-3）。检查离合器踏板和分离轴承与分离杠杆的间隙，保证分离彻底、灵活，无卡滞，踩下踏板行程 4/5 时，能挂换挡位，无打齿异响。如离合器使用时间过长，需拆开检查摩擦片和分离轴承，如果超限应及时更换；如磨损不大，分离轴承加润滑脂后，再按标准组装好。履带式拖拉机要检查和调整离合器、离合器踏板、转向拉臂，以及驱动轮的轴向游动量、履带张紧度等，必要时紧固。

图 3-3　检查离合器自由行程

1.2.4　检查制动器（图 3-4）。检查制动液面和踏板行程，制动踏板第一脚能一次踩死，连续第二脚踩不动，回位正常且无卡滞，左、右制动踏板高度应同步。履带式拖拉机检查和调整小制动器的间隙及制动踏板的自由行程，必要时紧固。

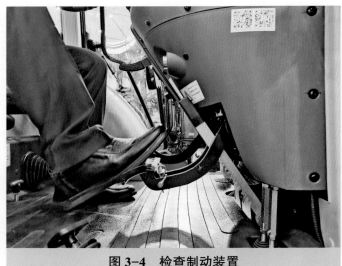

图 3-4　检查制动装置

1.2.5　履带式拖拉机检查变速箱与后桥连接处、万向节、支重台车以及车架与后桥的紧固情况，检查履带的张紧度是否符合规定要求，不符合应调整。

1.3　与农具挂接及调整（图 3-5）

1.3.1　选用传动轴与拖拉机 PTO 花键规格应匹配。传动轴的配合长度应不小于 200 毫米。

1.3.2　调整拖拉机上拉杆（中央拉杆）和左、右吊杆，使农具机架在纵向与横向都处于水平状态。

1.3.3　调整拖拉机下悬挂臂限位螺杆，使农具横向中心线与拖拉机纵向中心线相重合。拖拉机悬挂下拉杆与左、右吊杆连接的销轴放置在长孔位置，使农具工作时达到整体仿形的效果。

图 3-5　拖拉机悬挂装置

1.3.4　液压系统分配器在拖拉机作业时应放在浮动位置（目前有两个形式见图 3-6 ）。

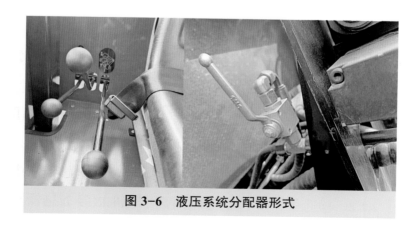

图 3-6　液压系统分配器形式

▶▶ 第二节　耕整地机械

2　旋耕机（图 3-7）

图 3-7　旋耕机

2.1　作业前检修

2.1.1　检查传动箱。检查传动箱齿轮油油量，低于油面线的要补加同牌号齿轮油；检查各个齿轮之间间隙，特别是圆锥齿轮啮合间隙，间隙过大过小都会引发故障；检查传动箱输出花键轴和刀轴轴套之间间隙，磨损严重的要成套更换。

2.1.2　检查刀部。检查刀轴两端油封，以及刀轴、刀座和刀片，如有破损应除旧换新。更换刀片时应按照双螺旋线方向有规律地紧固刀片固定螺栓。维护、更换刀片等旋转零件时，必须将拖拉机熄火。

2.1.3 检查旋耕刀是否装反，固定螺栓及万向节锁销是否牢靠，确认稳妥后方可使用。

2.1.4 挂接旋耕机检查。挂接时，注意匹配的箱体高度，高低箱体不能配错。注意拖拉机动力输出轴和旋耕机输入轴夹角，夹角最好小于 10°。传动轴十字轴和轴承不能松垮，各方向转动灵活，并加注润滑脂；旋耕机左、右要水平，输入轴要与拖拉机动力输出轴在同一个中心线上。

2.2 作业中检修

2.2.1 拖拉机启动前，应将旋耕机离合器手柄拨到分离位置。要在提升状态下接合动力，待旋耕机达到预定转速后，机组方可起步，并将旋耕机缓慢降下，使旋耕刀入土。严禁在旋耕刀入土情况下直接起步，以防旋耕刀及相关部件损坏。严禁快速下降旋耕机，旋耕刀入土后严禁倒退和转弯。

2.2.2 作业中，如刀轴过多地缠草，应及时停车熄火后清理，以免增加机具负荷和发生事故。

2.3 安全操作提示

2.3.1 地头转弯未切断动力时，旋耕机不得提升过高，万向节两端传动角度不得超过 30°，同时应适当降低发动机转速。

2.3.2 转移地块或远距离行走时，应将旋耕机动力切断，并升到最高位置后锁定。

2.3.3 旋耕机运转时，人严禁接近旋转部件，旋耕机后面也不得有人，以防刀片甩出伤人。

2.3.4 旋耕时，拖拉机和悬挂部分不准乘人，以防不慎被旋耕机伤害。

3 秸秆粉碎还田机（图 3-8）

图 3-8 秸秆粉碎还田机

3.1 作业前检修

3.1.1 检查拧紧各连接螺栓、螺母。

3.1.2 检查各插销、开口销有无缺损，必要时添补或更换。

3.1.3 加注润滑脂，传动轴伸缩套内应涂抹润滑脂。

3.1.4 检查齿轮箱密封情况，静接合处不应渗油，动接合处不滴油、不漏油；如渗漏油，需更换纸垫或油封。

3.1.5 检查齿轮箱润滑油油面，不够时添加。检查齿轮箱上呼吸孔是否畅通，如有堵塞应及时疏通。检查放油堵螺栓是否松动，应拧紧密封。

3.1.6 检查刀轴甩刀（锤爪）是否缺损并及时补齐。刀片应成组更换。更换刀片时，应对称更换径向相邻的两组刀片，每组刀片重量差应小于10克。

3.1.7 清除甩刀、刀轴、定刀片上的泥土与缠留物。

3.1.8 检查各轴承处温升，若温升过快、过高，即为轴承间隙过大或缺润滑油所致，应及时调整间隙或加润滑油润滑。

3.1.9 机具挂接。方式一：将万向节抽开，将两端内花键分别安装在拖拉机和还田机上，装好插销。拖拉机后悬挂与机具悬挂装置基本对准后，先挂接万向节，后安装下悬挂和上悬挂，并插好锁销。方式二：拖拉机后悬挂与机具悬挂装置基本对准后，先安装下悬挂和上悬挂，然后将安装好的万向节两端内花键分别安装在拖拉机和还田机上，并插好锁销。在安装过程中，可稍微用力使机具的齿轮轴转动。

3.2 作业中检修

3.2.1 随时检查及调整皮带张紧度，及时清理机壳内壁上的黏集土层，发现声音不正常，或有振动时，应立即停车检查。

3.2.2 调整留茬高度。调整限深滚，在机架左右两侧侧板上预留了一排调整孔，固定位置不同，得到的留茬高度也不同，调整时两边应同步调整。注意最低留茬高度以甩刀（锤爪）刃口不入土为宜，否则会加剧甩刀（锤爪）磨损，降低粉碎效果，增加拖拉机负荷。

3.3 安全操作提示

3.3.1 秸秆粉碎还田机运转时，严禁人体接近旋转部分，机具上和机具后严禁有人，以防造成人员伤亡事故。

3.3.2 转弯、倒车时，必须提升秸秆粉碎还田机并切断动力，严禁猛提猛放。

3.3.3　作业时如有异响，振动异常时，应立即停车检查，排除故障后方可继续工作。

3.3.4　检修、清理机具杂物时，拖拉机必须熄火，将机具落地并稳固，防止机具伤人。

▶▶ 第三节　种植施肥机械

4　玉米精量播种机（图 3-9）

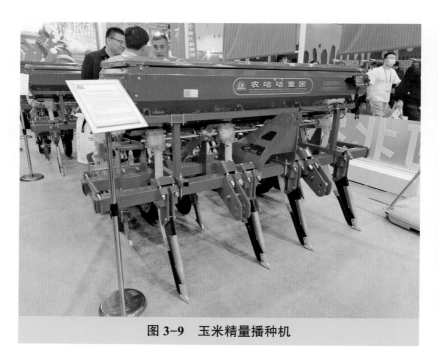

图 3-9　玉米精量播种机

4.1　作业前检修

4.1.1　开沟器安装调整。播种开沟器必须与施肥开沟器左右方向错开 50 毫米以上，避免化肥烧苗。安装各播种总成时要尽量保持各对应轴孔同心，螺栓旋紧时，边拧边观察总成与支架梁的间隙，要保证与梁面完整接合。

4.1.2 播种行距调整（图 3-10）。按当地农艺要求调整播种机行距；调整时以播种机梁架中心线为基准线，向左、右对称串动播种单体和施肥开沟部件，同时，支撑轮、传动机构以及排肥箱也要做相应调整。移动过的零部件要重新拧紧。

图 3-10 行距调整

4.1.3 播种株距调整。播种株距的调整就是对播种机的传动系统进行调整，大多数播种机的传动系统都是由链条传动来完成的，可以根据使用说明书中的播量表进行相应的调整，挂接好相应的链轮并张紧。

4.1.4 施肥深度调整。松开施肥开沟器固定座上的顶丝，上下移动犁柱调整深浅，上移则浅、下移则深。要求各施肥开沟器下尖连线与机架平行，建议施肥开沟器较播种开沟器深 50 毫米，以实现化肥深施。

4.1.5 施肥量调整。作物品种、亩保苗株数（垄距和株距）、土壤肥力决定亩施肥量，根据施肥量的要求，以支撑轮转动 10 圈为准，测定排肥器排除肥量大小，再计算出亩排肥量（滑移率按 10％计算），直到调节排肥器达到亩排肥量时为准。

4.1.6 播种深度调整（图 3-11）。调节每个播种单体上的限深指针手柄，操作时要让每一个播种单体上的限深指示针处于同一刻度位置，保证整机播种深度一致。但在播种作业的实际操作中，受整地条件和土壤环境不同所限，播深调整后应进行实际播种深度测定，一旦出现指示

图 3-11 播种深度调整

播深与实际播深不符时，要进行二次微调，达到播深一致的效果。

4.1.7 播种量调整（图 3-12）。打开排种器盖调整隔板，隔板定位孔上移，重播率降低，但空穴率提高；隔板定位孔下移，空穴率降低，但重播率提高。需要反复调整测验，达到满意状态为止。

图 3-12 播种量调整

4.1.8 链条张紧度的调整。通过调整链条张紧板的位置改变链条张紧程度，以达到作业要求。

4.2 作业中检修

4.2.1 播种机在选择作业路线时，机械应保证进出方便且便于加种。

4.2.2 播种时不能中途停车或忽慢忽快，要保持匀速直线前行，以免漏播、重播。

4.2.3 要在行进过程中操作播种机的升降，转弯或倒退时应提升播种机，以防止开沟器被堵塞。

4.2.4 播种时，应对传动部位、开沟器、排种盒、覆盖器的工作情况进行实时观察，及时排除黏土、缠草、其他堵塞物或种子没覆盖严的情况。

4.3 安全操作提示

4.3.1 播种机作业时，要边走边下落播种机，不能把播种机猛放入土作业，以免入土工作部件受到剧烈冲击损坏，也避免造成导种管口和施肥开沟器口堵塞。

4.3.2 严禁在播种作业时进行调整、修理和润滑工作。工作部件和传动部件黏土或缠草过多时，必须停车清理，严禁在作业中用手清理。

4.3.3 不准在左、右划印器下站人和在机组前来回走动，以免发生人身事故。

4.3.4 播种机在作业过程中不允许急转弯和倒车，以免损坏播种部件。

4.3.5 播拌药种子时，工作人员应戴风镜、口罩与手套等防护用具。播后剩余种子要妥善处理，严禁食用，以防人畜中毒。

5 水稻插秧机（图 3-13）

图 3-13 水稻插秧机

5.1 作业前检修（图 3-14）

5.1.1 清洁机器。清洗机体，清除异物、缠绕物；清洁空气滤清器、散热器、油水分离器。

5.1.2 检查及添加燃油、冷却液（水）。按说明书规

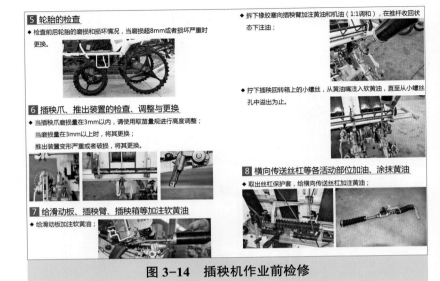

图 3-14　插秧机作业前检修

定作业时长加注燃油，清洁或更换燃油滤清器滤芯；检查、补充或更换发动机、变速箱、后车轴箱、插秧箱等部件机油，更换机油应同时更换机油滤清器滤芯。

5.1.3　加注润滑油脂。按说明书要求，对插秧臂、旋转箱、移动支架、浮舟、连杆、驱动轴、滑块、导轨、离合器等部件涂抹或加注锂基润滑油脂。

5.1.4　重要部位、零部件检查。检查外部及连接部主要螺母有无异常、松动，如有需调整；检查前、后轮胎磨损；检查、调整或更换发动机皮带、变速箱驱动皮带、纵向传送带；检查调整各手柄及拉杆、拉线；检查或更换推秧器、秧针；检查及调整取苗量符合技术要求；检查并补充蓄电池电量；检查液压升降装置是否灵敏可靠（图 3-15）。

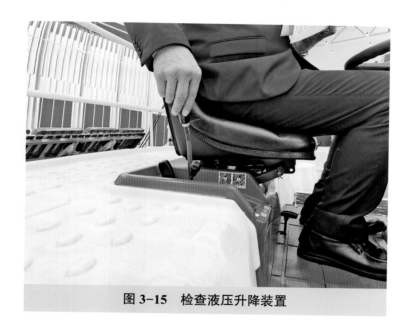

图 3-15 检查液压升降装置

5.1.5 启动检查。检查启动电机（马达）、发电机、喇叭、车灯等电器部件是否正常，发动机有无异响，排气烟色是否正常，仪表指示是否正常等，发现故障及时维修。

5.1.6 运转作业部检查。检查载秧台、送秧部件及插植臂等插植部件是否工作正常，发现故障及时维修。

5.1.7 行走检查。缓慢起步，检查插秧机行走是否平稳，制动器、变速器是否正常工作等，发现故障及时维修。

5.2 作业中检修

5.2.1 机手和喂秧手要密切配合，操作协调，以免动作不一发生事故。

5.2.2 插秧作业时，有时因秧箱内秧苗数量少且倾倒，此时应加满秧苗，切勿用手扶抵秧苗下部，以防秧爪伤手。

5.2.3 当插秧机下陷时，切勿硬行牵拉或上抬，可用水田轮加塞棍子法，即水田轮转动时，将长650毫米、直径100毫米的棍子塞在水田轮叶片间，使机具逐渐离开下陷地带。

5.2.4 插秧机转向时，不得继续栽插（此时摘除插秧挡），以免扭坏万向节。

5.2.5 在插秧机工作过程中，要确保船板清洁，避免秧盘或是其他杂物缠在传动轴或万向节上。

5.3 安全操作提示

5.3.1 仔细阅读并充分理解说明书和产品上粘贴的警

示标牌、提示标牌。

5.3.2 饮酒后、睡眠不足和过于劳累时请不要操作机器。

5.3.3 在插秧机工作的过程中，如需要检查调整，必须要将插秧机停机、熄火后再进行。

5.3.4 不得用插秧机拖拉重物。

5.3.5 进、出田块和过田埂时，要低速行驶，并严格按照使用说明书的操作方法进行。

5.3.6 停车时，请务必将主变速手柄置于空挡位置，并踩下刹车踏板，必要时关闭发动机。

6 小麦（免耕）播种机（图 3-16）

图 3-16 小麦（免耕）播种机

6.1 作业前检修

6.1.1 紧固与注油。机具使用前应检查各紧固部位是否紧固牢固，各传动部位是否转动灵活。在万向节十字架、刀轴轴承座、镇压轮轴承座处加注黄油，在齿轮箱内加注齿轮油，加到伞齿轮中间偏下位置为止；在链传动和其他转动部位加注润滑油。

6.1.2 机具挂接。方式一：将万向节抽开，将两端内花键分别安装在拖拉机和播种机上，装好插销。拖拉机后悬挂与机具悬挂装置基本对准后，先挂接万向节，后安装下悬挂和上悬挂，并插好锁销。方式二：拖拉机后悬挂与机具悬挂装置基本对准后，先安装下悬挂和上悬挂，然后将安装好的万向节两端内花键分别安装在拖拉机和播种机上，并插好锁销。在安装过程中，可稍微用力使机具的齿轮轴转动。

6.1.3 排肥器的调整。使用颗粒状化肥，施肥量不宜太大，否则可能产生烧苗现象。先粗调：转动排肥量调节手轮，直到播量指示到达预定位置。再精调：把镇压轮悬空，转动镇压轮，各排肥器全部有肥料排出后，按正常行驶速度和方向，匀速转动镇压轮，接取各排肥管排出的肥料，称各排肥管排出的肥料重量和排肥总重量，计算每行的平均行排肥量和亩播量。

6.1.4 排种器调整（图3-17）。播种小麦等大颗粒作物时，首先打开排种口与种子相适宜的抽板，然后再进行播种量调节。一是有级变速箱播量调节办法，通过调整变速箱挡位实现对播种量的调整。二是无级变速箱播量调节办法，逆时针转动手轮播量增加，顺时针转动手轮播量减小，所需播量必须要由小到大调节到所需位置。

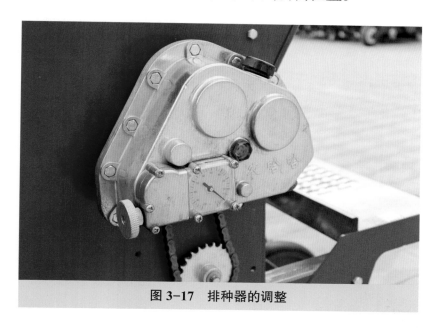

图 3-17 排种器的调整

6.1.5 镇压轮限位。镇压轮两侧摇臂被扇形板限位销固定，作业时必须将限位销放在扇形板上适当的孔位。

6.1.6 机具左右水平调整。升起机具，使旋转刀和开沟器离开地面，查看旋转刀的刀尖、开沟器、机具是否水平一致，不一致时，调整拖拉机后悬挂斜拉杆。

6.1.7 旋转间隙检查。作业前应检查并确保旋转刀与开沟器之间的旋转间隙≥10毫米。保证作业中旋转刀与开沟器不发生碰撞。

6.2 作业中检修

6.2.1 机具前后水平调整。作业中机具前、后应处于同一水平面，此时万向节与机具水平面的夹角应在 ±10°的范围内，否则应调整拖拉机的上拉杆。

6.2.2 播种施肥深度调整（图3-18）。一是改变拖拉

图3-18 播种施肥深度调整

机后悬挂上拉杆的长度和两组镇压轮两侧摇臂上限位销的位置，可同步改变播种和施肥深度，同时耕深也同步改变。二是改变种、肥开沟器的安装高度，可调整播种和施肥深度，但种肥深度相对位置不变。

　　6.2.3　镇压器调整（图3-19）。根据农艺要求，同时改变镇压轮两侧摇臂上限位销的位置，实现镇压力的调整，限位销越向下移，镇压力越大。

图3-19　镇压器调整

　　6.2.4　作业中要经常清理种、肥开沟器缠绕的秸秆、黏土，检查排肥管、排种管有无堵塞，开沟器有无变形等，发现故障及时排除。

6.3　安全操作提示

6.3.1　在地头转弯与倒车时必须提升机具。

6.3.2　机具作业时，播种机上严禁站人。

6.3.3　机具维修时需要维修人员进入提升机具下部时，应有可靠的硬支撑，避免液压机构失效，砸伤维修人员。

6.3.4　机具作业时，严禁靠近动力输出轴等旋转件，避免绞缠危险。

第四节 植保机械

7 自走式喷杆喷雾机（图 3-20）

图 3-20 自走式喷杆喷雾机

7.1 作业前检修（图 3-21）

7.1.1 清洗机体，清除异物、缠绕物，清洗植保机药箱、药泵、滤网及喷嘴等；清洁空气滤清器、散热器、防

3 检查变速箱油是否充足
◆ 打开加油口螺栓,检查齿轮油(大概1/2),如果不足添加到油箱的1/2处。首次工作100小时更换,以后每工作300小时更换一次推荐型号:85W-90齿轮油。

4 检查柴油箱柴油是否充足
◆ 查看油箱外透明油管,当油量过少,请尽快补充柴油。

5 检查差速锁是否工作正常
◆ 踩下差速器踏板后,差速锁锁定;脚松开踏板,差速锁自动分离。

6 检查喷雾泵皮带张紧度
◆ 卸下座椅,取出座椅下盖板。检查皮带张力不够时,请调整张紧带,皮带有龟裂、脱皮、损坏的需及时更换。

7 检查喷杆上下、前后收纳是否正常
◆ 各喷杆的喷雾软管是否连接完好,喷杆是否按规定位置储藏,是否上下、升降顺畅自如,请给各转动支点加油。

图 3-21   作业前检查

虫网、油水分离器等。

7.1.2   添加冷却液(水);加注燃油;清洁或更换燃油滤清器滤芯;补充或更换发动机、变速箱、后车轴箱等部件机油,更换机油应同时更换机油滤清器滤芯;添加药泵润滑油,清洗药泵吸入式滤芯;更换密封件、喷嘴等易损件。

7.1.3   查看外部及连接部主要螺母有无异常、松动,前后轮胎是否磨损,调整或更换发动机皮带、变速箱驱动皮带等;调整各手柄及拉杆、拉线;补充蓄电池电量。

7.1.4   启动电机(马达)、发电机、喇叭、车灯等电器部件检查是否正常,发动机有无异响,排气烟色是否正

常，仪表指示是否正常等，发现故障及时维修。

7.1.5 检查喷杆升降、收放是否正常，回水搅拌装置是否工作，系统压力和各喷头喷雾效果是否符合作业要求等。

7.1.6 缓慢起步，检查机具行走是否平稳，制动器、变速器是否正常工作等，发现故障及时维修。

7.2 作业中检修

7.2.1 发生故障时，需要停车熄火，关闭药液分配阀等，再进行检查。

7.2.2 尽量避免急刹车，以免主药箱中的水涌动导致机器不稳。

7.3 安全操作提示

7.3.1 运输前，应检查灯光、喇叭、刹车和紧急制动功能是否正常，保证喷杆处于折叠状态且喷杆托架已经托住喷杆。机具在起步、升降及喷杆展开或折叠时应鸣笛示警。

7.3.2 在道路运输及作业过程中，严禁人员站在机器上，应时刻注意道路交通状况能否满足机具的尺寸。

7.3.3 在未熄火的状态下，不得进入机械底部进行检查、保养、维修等操作。

7.3.4 进行作业、维护保养及操作喷杆时，喷杆摆动范围内及喷杆下方均不允许站人；除非进行必要的维修保养，否则人员不得进入药箱。喷药作业后，如药箱内有残余药液，则应按照有关环保规定进行处理，不得随意排放。

7.3.5 操作人员作业时需穿戴防护装备（防护服、手套、护目镜等），不得有喝水、吃东西、吸烟等可能导致农药中毒后果的行为。

8 植保无人飞机（图 3-22）

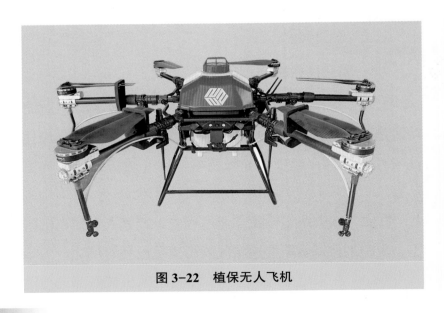

图 3-22 植保无人飞机

8.1 起飞前例行检修

8.1.1 检查螺旋桨（图 3-23）、机臂、电机底座、舵机、脚架、边梁、碳框是否完好，如发现异物需及时清理，如发现裂纹或缺陷需要及时维修或更换。

图 3-23 检查螺旋桨

8.1.2 试运转动力电机，检查安装是否牢固、有无虚位、旋转是否顺畅、有无异响，发现问题及时维修。

8.1.3 试运转离心喷头，检查安装是否牢固、旋转是否顺畅、喷盘是否完整，发现问题及时维修。

8.1.4 检查 RTK（实时动态）天线是否安装完好，发现问题及时维修。

8.1.5 检查药箱进药口、过滤网有无异物，发现异物及时清理。

8.1.6 检查视角影像镜头是否清洁，为防止刮坏镜头，建议使用眼镜布从左至右一个方向擦拭。

8.1.7 检查仿地雷达、前置动态雷达表面是否清洁、有无异物遮挡、是否安装稳定，发现问题及时维修。

8.1.8 检查电池（图 3-24）插座有无异物，如发现

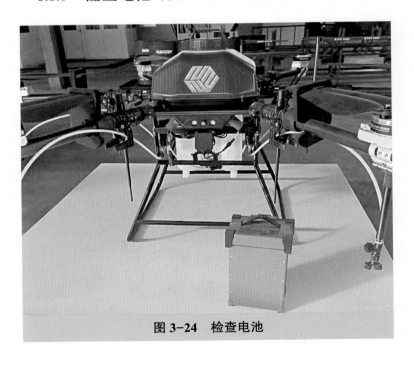

图 3-24　检查电池

金属发黑，应及时进行清理。

8.1.9 检查电池卡扣是否有损坏，安装电池时听到"咔嗒"一声表示安装牢固，否则应及时维修。

8.2 操控系统检修

8.2.1 打开无人机操控 App，查看 App 版本及设备固件是否需要更新，如有更新，请立即根据提示完成更新操作（注意：请确保每次飞行前，所有固件都升级至最新版本）。

8.2.2 按产品说明书要求检修"单手控绑定"，确认绑定单手操控设备。

8.2.3 按产品说明书要求检修"通信系统"，查看通信信号是否良好且显示正常。

8.2.4 按产品说明书要求检修"定位系统"，查看基站是否连接，是否进入 RTK。

8.2.5 按产品说明书要求检修"电力系统"，确认电池电量可以满足当前作业需求，电池电芯电压为绿色表示正常。

8.2.6 按产品说明书要求检修"喷洒系统"，进行手动喷洒测试。确认喷洒系统通畅，管道无破裂漏药，喷盘转动正常，流出液体无气泡。

8.2.7 按产品说明书要求检修"动力系统",进行怠速测试,确认电机转向正常无异响。

8.2.8 按产品说明书要求检修"感知系统",确认地形模块和避障雷达正常。

8.3 安全操作提示

8.3.1 酒后、睡眠不足、生病时、孕妇、未满 18 周岁、未获得资质证书者不允许操作。

8.3.2 在周围 667 平方米范围无安全降落点的田内不能进行作业。

8.3.3 作业结束后应停止发动机,关闭遥控器电源,并将遥控器置于工具箱内,取出钥匙。

8.3.4 当无人机出现紧急状况时,应将无人机以最快方式飞离人群,并尽快降落或迫降。

8.3.5 操作员必须了解机械使用知识及药剂性质,掌握预防中毒的措施和救护方法。

8.3.6 操作员作业前必须穿戴防护装备,作业后凡与药物接触的身体部位和防护用品必须用肥皂水洗净。

8.3.7 无人机的药剂箱、管道及接口不能渗漏,作业时工作压力不能超过规定值,排除故障、拆卸接头和喷头前须先清除箱内压力。

8.3.8 夜间检修或添加药剂时，不准用明火照明。

8.3.9 作业结束后，应在适当地点对机械进行彻底清洗，并防止水源污染。

第五节　收获机械

9　自走轮式谷物联合收割机（图 3-25）

图 3-25　自走轮式谷物联合收割机

9.1　作业前检修

9.1.1　清洁空气滤清器和通气道；清洗或更换机油滤

芯和柴油滤芯，并更换油底壳机油、液压油、制动液；油箱加足合格柴油；检查冷却系统，加入冷却液；检查蓄电池电量并充电；摇转发动机曲轴数十转，无异常后启动发动机空转 10～15 分钟，观察有无异常。

9.1.2　检查滚筒、风扇、割台、筛箱驱动机构等转速高、振动大、负荷重的部件和转速高的链轮、复合皮带轮及轴承的螺栓紧固情况。

9.1.3　查看各转动部件是否转动灵活；调整链条和皮带的张紧度（图 3-26）。

图 3-26　调整皮带张紧度

9.1.4　检查刀片是否完好、刀片安装是否牢固、割刀间隙、压刀器间隙是否合理、活动刀片与护刃器中心线是否重合（切割器对中），如不符合作业要求则调整紧固（图 3-27）。

图 3-27　切割器对中检查调整

9.1.5　检查脱粒间隙。依次检查收割、输送、脱粒和清选装置，按作业要求调整脱粒间隙。

9.1.6　检查操纵机构。检查离合器、制动装置的技术状态，查看其可靠性和灵活性。

9.1.7　检查液压系统。检查液压油泵、操纵阀及管路，内漏严重或密封垫损坏的应及时排除或更换；液压油过脏及有杂质的应予更换。

9.1.8　检查密封性（图 3-28）。为防止作业时跑粮、漏粮，应认真检查过桥与脱谷滚筒凹板过渡板接合处、滚筒凹板间隙检视孔处、抖动板两侧密封袋与侧壁接合处、清粮筛框两侧密封带与侧壁接合处、搅龙壳与底活门贴合处、复脱器盖与壳贴合处、卸粮搅龙与粮箱接合处等的密封性。

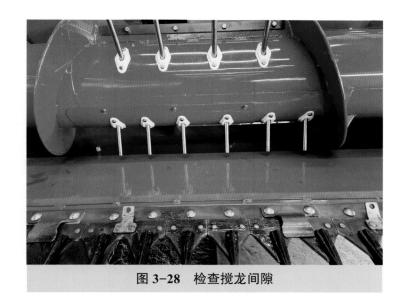

图 3-28 检查搅龙间隙

9.2 作业中检修

9.2.1 要先运转再行走；下田进行作业时，必须先结合工作离合器，让割台、割刀、传送装置、脱粒装置、清选装置等工作部件先运转起来，发动机油门要踩到底，达到额定工作转速，此时，机手才可驾驶操作谷物联合收割机进行行走，开始收割作业。

9.2.2 高产田块要降低行驶速度，低产田块要提高行驶速度；收割机的喂入量是有上限的，喂入量过大，易堵塞并造成分离、清选超负荷，出现丢损超标等情况。

9.2.3 要及时检查；在收割过程中，要及时检查收割机作业质量，发现异常时及时停机检查。在停机时，要按技术要求对机具进行检查、维护、调整，使收割机处于良好的作业状态。

9.3 安全操作提示

9.3.1 请不要在酒后、服药后或疲劳状态下操作维护收割机。

9.3.2 在对收割机进行清理、清洁、检查、维护保养、加油以及机手离开驾驶室时，请务必关闭发动机并拔下钥匙。请在发动机充分冷却后再打开散热器的水箱盖。

9.3.3 启动发动机时，必须先鸣喇叭，确认其他人都远离收割机到达安全处后再启动。两个人共同检修保养收割机时，严禁另一人私自转动旋转部件。

9.3.4 在升起割台、打开粮仓、脱粒滚筒等作业机构进行检查、清扫、调节时，请务必锁上安全锁具，确保各机构不会下落或自行关闭而造成人员伤害。收割机在道路行驶或转移时，应将左、右制动踏板锁住，收割机割台提升到最高位置并锁定。

9.3.5 严禁在麦田中抽烟，并要防止电气线路接触不良、短路、发动机排气管周边堆积草屑等引发火灾安全事故。

10 自走履带式谷物联合收割机（图 3-29）

图 3-29 自走履带式谷物联合收割机

10.1 作业前检修

10.1.1 清洁发动机空气滤清器和通气道；清洗或更换机油滤芯和柴油滤芯并更换油底壳机油、液压油、制动液；油箱加足合格柴油；加入冷却液；检修蓄电池电量并充电；摇转发动机曲轴数十转，无异常后启动空转10～15分钟，观察有无异常。

10.1.2 检查滚筒、风扇、割台、筛箱驱动机构等转速高、振动大、负荷重的部件和转速高的链轮及轴承的螺栓紧固情况并根据需要调整。

10.1.3 查看各转动部件是否转动灵活；调整链条和皮带的张紧度（图 3–30）。

图 3–30 检查皮带和链条张紧度

10.1.4 检查收割机构（图 3–31）。检查切割器刀片是否完好、牢固，间隙是否合理，动刀片与护刃器中心线是否重合，并根据需要调整、紧固；按作业要求调整拨禾轮高度（被割直立作物高度的 2/3 处）和拨禾弹齿的角度。

图 3-31 检查收割机构

10.1.5　检查脱粒清选装置。按作业要求调整脱粒间隙、清选风扇风量等。查看切草刀、振动筛及前端轴承、百叶筛条等磨损情况并根据需要及时更换。

10.1.6　检查秸秆处理机构。全喂入收割机一要调整秸秆排出位置，保证秸秆均匀排出；二要查看切断刀和定刀是否磨损或破损，如有应更换新的刀片，对称刀片应同时更换。半喂入收割机切刀刀片与供给刀刀片重叠量在9毫米以下时，要调整供给刀轴的安装位置；切刀刀片和供给刀刀片之间的间隙要在4.5～7毫米；排草链条压杆与链轮的间隙要调整至 2.5 毫米以内。

10.1.7　检查离合器、制动装置的技术状态，查看其可靠性和灵活性。

10.1.8　查看液压油泵、操纵阀及管路，损坏的应及时更换；液压油过脏及有杂质的应予更换。

10.1.9　检查过桥与脱谷滚筒凹板过渡板接合处等地的密封性（图 3-32），减少收获损失，杜绝跑粮、漏粮现象。

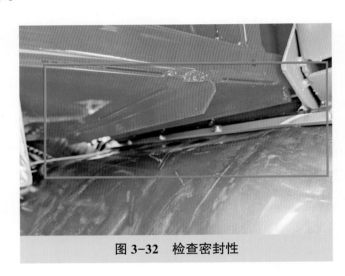

图 3-32　检查密封性

10.2　作业中检修

10.2.1　发动机每工作 250～300 小时必须更换机油及机油滤芯，柴油滤清器每工作 200 小时需更换；液压系统每工作 250～300 小时更换液压油、回油滤清器、行走过滤器滤芯。在进行清理、检修、保养、加油以及机手离开驾驶室前，请务必关停发动机。

10.2.2 在升起割台、打开粮仓、脱粒滚筒等作业机构进行检修、清扫、调节前，请务必锁上安全锁具，确保各机构不会下落或自行关闭而造成人员伤害。

10.2.3 割台堵塞时，应调整动、定刀片间隙到 0.3～1 毫米；如果割刀刀片或护刃器损坏，需更换刀片或护刃器。割台堆积作物时，割台喂入搅龙与割台底板的间隙应调整到 6～15 毫米。喂入搅龙缠草时，应调整喂入搅龙右侧的拨片来使拨禾齿杆与底板的间隙为 6～10 毫米。拨禾轮打落籽粒较多时，需降低拨禾轮转速。

10.2.4 脱粒滚筒堵塞时，可调整皮带张紧度来保障滚筒转速，如因喂入量偏大所致，可降低机器前进速度或提高割茬。排草夹带籽粒偏高时，要清理凹板筛前后"死角"的堵塞，发动机转速应达到 2500 转／分，油门要踩到位。粮食中含杂率偏高时，要将鱼鳞筛角度调整到合适位置，调节风量调节板，适当增加进风量。

10.3 安全操作提示

10.3.1 请勿在酒后、服药后或疲劳状态下操作维护收割机。

10.3.2　在进行清理、检修、加油以及机手离开驾驶室时，请务必关停发动机并拔下钥匙。

10.3.3　两人共同检修收割机时，严禁另一人私自转动旋转部件。

10.3.4　在升起割台、打开粮仓、脱粒滚筒等作业机构进行检修、清扫、调节时，请务必锁上安全锁具，确保各机构不会下落或自行关闭而造成人员伤害。

10.3.5　严禁在稻（麦）田中抽烟，要防止电气线路接触不良、短路、发动机排气管周边堆积草屑等引发火灾安全事故。

11　玉米果穗收获机（图 3-33）

11.1　作业前检修

11.1.1　清洁空气滤清器和通气道；更换机油滤芯和柴油滤芯并更换油底壳机油、液压油、制动液；油箱加足合格柴油；检查冷却系统，加入冷却液；检查蓄电池电量并充电；摇转发动机曲轴数十转，无异常后启动空转10～15 分钟，观察有无异常。

11.1.2　检查摘穗台。检查切草刀是否完好，刀片是

图 3-33　玉米果穗收获机

否牢固，摘穗辊间隙（图 3-34）、切草刀间隙是否合理，并根据需要调整紧固。

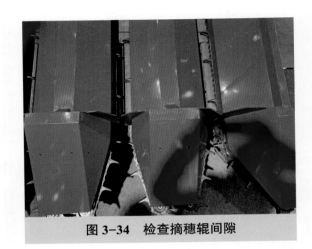

图 3-34　检查摘穗辊间隙

11.1.3　检查剥皮机构（图 3-35）。依次检查剥皮辊间隙、剥皮辊与星轮压送器间隙，按作业要求调整脱粒间隙。

图 3-35　检查剥皮机构

11.1.4　检查各转动部件。查看是否转动灵活，同一转动回路的各个链轮或皮带应在同一转动平面内；检查链条和皮带的张紧度，传动皮带疲劳拉长或有其他损坏的，一律更换；在一般情况下，转动配合的径向间隙≤0.3 毫米，摇动配合的径向间隙≤0.2 毫米。

11.1.5　检查操纵机构。检查离合器、安全离合器、制动装置是否可靠、灵活并根据需要调整。

11.1.6　检查液压系统。检查液压油泵、多路阀及管路，内漏严重或密封垫损坏的应及时排除或更换；液压油过脏或有杂质的应予更换。

11.1.7　检查密封性。检查摘穗台果穗输送槽与输送搅龙接合处、检查剥皮机玉米抛送辊与果穗箱挡板接合处等的密封性。

11.2　作业中检修

11.2.1　要经常检查各管路的泄漏情况，发现后必须立即维修。

11.2.2　要及时清理增压器和发动机排气管周围的杂物，消除火灾隐患。经常检查液压管路的密封情况，各油管接头、阀接头不得有渗漏。

11.2.3　要注意根据抛落在地上的籽粒数量、茎秆的断茎情况检查调整摘穗装置。

11.2.4　每班工作结束后，要彻底清理收获机各部位缠草，检查传动链条、传动皮带的张紧度，按使用说明书进行班次保养，清洁空气滤清器滤芯，对各传动链条、万向联轴节、升运器滑道等部位加注润滑油。

11.2.5　准备好收获机配件和易损件。根据机具的型号、特点及机具的情况，准备常用配件和易损件，并和企业售后服务网点及时取得联系，记下联系人、地址、电话。

11.3　安全操作提示

11.3.1　要在保证安全的前提下做好收获机的检修、保养、使用工作。

11.3.2　在对收获机进行清理、清洁、检查、维护保养时，发动机必须熄火。

11.3.3　在机手离开驾驶室的时候，发动机也必须熄火，并取下启动钥匙带走。

11.3.4　启动发动机时，必须先鸣喇叭，确认其他人都远离收割机到安全地方后再启动。

11.3.5　两个人共同检修保养收割机时，严禁另一人私自转动旋转部件。

11.3.6　严禁在作业田中抽烟，并要防止电气线路接触不良、短路、发动机排气管周边堆积草屑等引发火灾安全事故。

12 玉米籽粒收获机（图3-36）

图3-36 玉米籽粒收获机

12.1 作业前检修

12.1.1 清洁空气滤清器和通气道；清洗机油滤芯和柴油滤芯并更换油底壳机油、液压油、制动液；油箱加足合格柴油；清洗冷却系统，加入冷却液；检查蓄电池电量并充电；试运转时，启动空转发动机5~10分钟，再把整车空试运转5~10分钟，观察有无异常。

12.1.2 检查切割器（图3-37）。检查刀片是否完好、

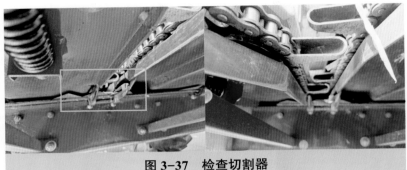

图 3-37　检查切割器

牵固，割刀间隙、压刃器间隙是否合理，活动刀片与护刃器中心线是否重合，分杆板是否紧固可靠，如不符合作业要求应调整紧固。

12.1.3　依次检查收割、输送、脱粒和清洗装置。脱粒部分检查凹版筛（图 3-38）、脱粒齿杆，检查脱粒间隙并调整。

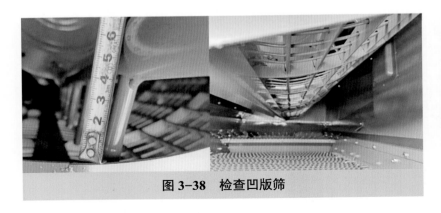

图 3-38　检查凹版筛

12.1.4 检查各转动部件。查看是否转动灵活，同一转动回路的各个链轮或皮带应在同一转动平面内；检查链条和皮带的张紧度，传动皮带疲劳拉长或有其他损坏的，一律更换；在一般情况下，转动配合的径向间隙≤0.3毫米，摇动配合的径向间隙≤0.2毫米。

12.1.5 检查螺栓紧固情况。检查滚筒、风扇、割台、筛箱驱动机构等转速高、振动大、负荷重的部件和转速高的链轮、复合皮带轮及轴承的螺栓紧固情况。

12.1.6 检查操纵机构。检查离合器、安全离合器、制动装置是否可靠、灵活并根据需要调整。

12.1.7 检查液压系统。检查液压油泵、操纵阀及管路，内漏严重或密封垫损坏的应及时排除或更换；液压油过脏或有杂质的应予更换。

12.1.8 检查密封性。检查割台倾斜喂入室与脱粒滚筒凹板过渡板接合处、滚筒凹板间隙检视孔处、抖动板两侧密封袋与侧壁接合处、清粮筛框两侧密封带与侧壁接合处、搅龙壳与底活门贴合处、复脱器盖与壳贴合处、卸粮搅龙与粮箱接合处等的密封性。

12.2 作业中检修

12.2.1 要及时清理增压器和发动机排气管周围的杂

物，消除火灾隐患。经常检查液压管路的密封情况，各油管接头、阀接头不得有渗漏。

12.2.2 要注意根据抛落在地面的籽粒数量、茎秆的断茎情况，检查调整摘穗装置和脱粒、清选装置。

12.2.3 每班工作结束后，要彻底清理收获机各部位缠草，检查传动链条、传动带的张紧度，按使用说明书进行班次保养，清洁空气滤清器滤芯，对各传动链条、万向联轴节、升运器滑道等部位加注润滑油。

12.2.4 准备好收获机配件和易损件。根据机具的型号、特点及机具的情况，准备常用配件和易损件，并和企业售后服务网点及时取得联系，记下联系人、地址、电话。

12.3 安全操作提示

12.3.1 要在保证安全的前提下做好收获机的检修、保养、使用工作。

12.3.2 在对收获机进行清理、清洁、检查、维护保养时，发动机必须熄火。

12.3.3 在机手离开驾驶室的时候，发动机也必须熄火，并取下启动钥匙带走。

12.3.4 启动发动机时，必须先鸣喇叭，确认其他人都远离收获机到安全地方后再启动。

12.3.5 两个人共同检修保养收获机时，严禁另一人私自转动旋转部件。

12.3.6 严禁在收割地中抽烟，并要防止电气线路接触不良、短路、发动机排气管周边堆积草屑等引发火灾安全事故。

第六节 饲料（草）收获机械

13 打（压）捆机（图 3-39）

图 3-39 打（压）捆机

13.1 作业前检修

13.1.1 检查弹齿离地间隙并调整到 50 毫米。

13.1.2 打捆前机器空运转 3～5 分钟，观察各运动件是否相互干涉、卡滞，各处连接是否牢固可靠。检查打结器性能是否良好（图 3-40）。

图 3-40　检查打结器

13.1.3　调整草捆密度。草捆密度和重量的调整要根据牧草品种、含水率等田间条件灵活掌握。慢慢增加草捆密度，进行多次打捆以调整草捆密度，直到达到所需密度（调整加大一些仓门的限位压力）。

13.1.4　调整草捆长度。在打结器后方的压捆室顶部装有草捆长度控制器。草捆长度通过可调挡环的安装位置调整，当可调挡环向上移动时，草捆长度随之增加；反之，草捆长度缩短。

13.2 作业中检修

13.2.1 要注意观察草条和地形变化状况，将拖拉机的前进速度和动力输出轴转速控制在合理的范围内。

13.2.2 当物料堆积时，先切断动力输出轴动力，并关闭发动机，人工清除堵塞物料。

13.3 安全操作提示

13.3.1 在检修保养机器时，必须切断动力输出轴动力，关闭发动机。

13.3.2 机器运转时，严禁驾驶员离开座位。

13.3.3 酒后、带病、过度疲劳或无自我保护能力人员严禁操作机具；操作者应谢绝上述人员在机具运转和作业时靠近机具。

13.3.4 在地头转弯空行时，必须切断动力输出轴动力。

13.3.5 机器上应配置灭火器，作业现场严禁烟火，消除一切火灾隐患。

▶▶ 第七节 谷物（粮食）干燥机

14 固定（移动）式谷物烘干机（图3-41）

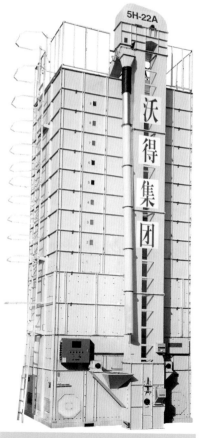

图3-41 固定式谷物烘干机

14.1 作业前检修

14.1.1 查看电源或热源情况，如果用电电源电压需稳定且满足在额定电压 ±5% 范围内，并设置二级漏电保护装置；检查电源线有无损伤；电源是否确实接地。

14.1.2 查看装粮排粮机构及内部干燥循环机构是否堵塞或磨损变形，如堵塞或磨损变形需清理或更换相应机构。

14.1.3 查看三角皮带及其张紧度，皮带松紧度以手指压入凹下 10～15 毫米（40 牛顿左右）为标准；链条及链条张紧度和润滑，将护罩取下调整传动链条张紧度，适度加润滑油后再将护罩挂上锁紧；查看锁片和皮带有无损伤，有损伤或磨损时应更换。

14.1.4 查看排风管、排尘风管是否有破损，如有应更换。

14.1.5 清理机器内部残余物，清理集尘室内部残余物。

14.1.6 机器周围不应有障碍物或易燃物，作业通路须保持离机器周围 1.5 米以上。

14.1.7 移动式谷物烘干机（图 3-42）应保证设备承重柱应支撑可靠，轮胎以离地 10～20 毫米为宜。查看设备自带的水平仪，确定设备是否还存在倾斜并及时调整。检查粮仓升降锁定杆是否锁定可靠。检查提升绞龙是否固定可靠。

图 3-42 移动式谷物烘干机

14.1.8 移动式谷物烘干机安装完，第一次使用或更换电力系统时，请重新确认接地效果，防止引发火灾、触电或受伤等安全事故。

14.2 作业中检修

14.2.1 原粮需清选干净进入干燥机，避免壳屑、石块、秸秆等杂物混入，既浪费能源，又容易引起堵塞。烘干数批或换粮时，应停机排空，清除残余粮食和杂物，若原粮太脏，则需每批清理。

14.2.2　入机谷物容量不得大于烘干机最大额定值，不得超负荷运转。

14.2.3　发现密封处不严时，应及时更换密封材料。

14.2.4　经常检查各紧固件是否有松动现象，并适时检查和调整传动皮带的张紧度。

14.2.5　装卸粮食时应轻装轻卸，以免损坏零部件。

14.2.6　移动式谷物烘干机不得接触热风机或燃烧炉附近部位，不得将热风机拉出，防止烧伤或烫伤。

14.2.7　移动式谷物烘干机运转中严禁使用试料取出器以外物品，或手指伸入试料取料口，防止物品或人员卷入造成机械故障或意外伤害。

14.3　安全操作提示

14.3.1　烘干机应配备干粉灭火器，灭火器应在有效期内。

14.3.2　谷物进机后勿停留过久，应立即送风或干燥。装入谷物量不得大于烘干机最大额定容量，不得超负荷运转。

14.3.3 烘干机运转时，严禁操作人员用手接触烘干机各运转机构；烘干机异常时，应立即停机检修，不可强行运转。烘干作业停止后，不要立即将主电源切掉，应先通风运转 5 分钟以上，让风机继续送风冷却燃烧室后再停机，否则燃烧室内的未燃瓦斯可能产生异音喷出热气，会造成烧伤等事故发生。

14.3.4 操作人员检修时，应两人以上作业，须有人监护，戴好安全帽，登高时应系好安全带。

14.3.5 除进行点检或维修时，控制箱门要确保在关闭的状态，防止灰尘及异物进入控制箱内部，导致控制箱内部故障、短路或火灾。

14.3.6 禁止在烘干机运转时补充燃油；补充燃油时，严禁烟火。